10歲開始自己做
生涯規畫

讓喜歡的事變成工作，
提前部署快樂又有成就的人生

監修 寶槻泰伸（探究學舍代表）
翻譯 李彥樺

前言

為了把「喜歡做的事」變成工作

你有沒有想過，
長大之後你會做什麼工作？

「希望每天都工作得很開心」、
「最好可以把興趣當成工作」……
你心裡是不是這樣期盼著？

過去有很長一段時間，工作被人們視為「餬口的手段」，
以「為了活下去、為了賺取生活費而工作」的想法，
「再怎麼不開心也得忍耐」、「無論如何都要咬牙苦撐」……
這樣的工作態度被視為理所當然。

當社會慢慢進步，
對於工作的主流想法也開始有所調整。

畢竟在人的一生裡，有大半的時間都花在工作上，
當然要做得開心一點，而且最好能做自己喜歡的事，
漸漸的，不再把工作視為單純的賺錢手段，
而覺得它是人生中很重要的一部分，
抱持這種觀念的人已不斷增加。

簡單來說，就是希望把「喜歡做的事」變成工作。
很多人為了實現這個理想，正在嘗試著各式各樣的改變。

那麼，人們能夠為此預做什麼準備呢？
本書匯整了各式各樣的名人格言與建議，
讓你知道自己可以對未來抱持什麼想法和感受。

慢慢來，不用急，
為了把「喜歡做的事」變成工作，
讓我們一點一滴的做好實現夢想和希望的準備吧！

——探究學舍代表　寶槻泰伸

目次

第2章 讓喜歡的事變成工作的第一步，就是感受各種不同的「快樂」！

第3章 讓喜歡的事變成工作的第一步，是獲得「貫徹的力量」！

第4章 當喜歡的事變成工作，你會看見新世界！

名人索引

本書所提及的名人們和他們的介紹

※ 以首字筆畫排序

這是個
享受工作的
時代！
呵呵！

甜點（喜歡的東西）
讓自己的創意
成為工作！
咚！

工作是什麼？我們為什麼要工作？

SHOP
IT的進步讓夢想
化為現實！

不被常識
所限制！
柔軟的心
心

接下來……
該在哪裡磨練技能呢？

一邊工作，一邊磨練自己的技能！

想一想「工作的理由」！

第1章

感謝前人的貢獻！

好吔！
閃閃發亮

找到自己的終身職志！

人為什麼要工作？　什麼是工作？

工作的「意義」和「方式」會隨著時代改變！

「工作」起源於大家分工合作完成一些生活上不可或缺的「勞動」

想想看，在科技和文明都還處於原始狀態的時代，「工作」對祖先們有著什麼意義？當時主要的「工作」，都是生活上一定要做的「勞動」，例如「狩獵」、「採集」、「製作工具」、「蓋房子」等。但是隨著文明的發展，開始出現組織，「勞動」的意義也逐漸產生變化，大家開始分工合作，各自完成一小部分的事情。這種工作分化後各自負責的部分，就成為「職業」，也就是現代「工作」的概念。

或許生活在現代的我們很難想像，其實世界上有許多地區，民眾沒有辦法自由選擇自己想要從事的「工作」。工作的「意義」和「方式」，會隨著時代而發生巨大的變化，正因為如此，我們更應該選擇符合時代的工作方式。

古代的工作是什麼？

為了活下去而做的事情

想要獲得食物，就必須打獵，於是就得製作打獵用的工具；除此之外，居住的房子當然也得自己蓋，這就是祖先們的「工作」方式。現代的各種「職業」在當時還不存在，遠古時代的工作，都是「為了餵飽自己」、「為了活下去」而做的事情。

沒有辦法自由選擇職業的時代！

職業會受身分限制的時代

長大之後想做什麼樣的工作？像這樣的夢想和希望，對現代人來說是理所當然的權利，但是在世界上某些地區的某些時代，民眾並沒有辦法依照「自己的意願」決定未來要做什麼工作，他們一出生就因為身分制度而受到嚴格的限制，無法自由選擇職業。歷經這樣的時代之後，人類對於「工作」的看法和價值觀不斷進步，最後變成現代的狀態。

以繼承家業為主流的時代！

雖然有選擇職業的自由，但通常會繼承家業的時代

社會的階級制度被打破之後，民眾開始可以依照自己的意願自由選擇職業。不過當時的工作種類沒有現在多，一般人在成年之後通常會選擇繼承家業，而且還沒有現代的大型企業或購物商城，工作的主流多是小型商店或個人事業。

工作的主流變成了進入企業上班！

企業快速成長的高度經濟成長期時代

二次世界大戰結束之後，進入高度經濟成長期的時代。在這段期間，「企業」以飛快的速度成長，「工作」的主流也從繼承家業變成進入企業上班。從前的小型商店和個人事業，絕大部分都在與大型企業的競爭中遭到淘汰。為了出社會後能進入「好公司」，升學競爭越來越激烈。進入好公司、領高薪、吃美食、開好車、買房子等金錢和物質方面的滿足，成為人們判斷幸福的標準。

到了現代，終於進入可以讓「喜歡的事」變成「工作」的時代！

社會不斷進步，工作的「觀念」和「方法」依然持續變化。在這段期間裡，世界歷經泡沫經濟、新冠肺炎和戰爭的摧殘，民眾對「工作」的看法也會跟著改變。從前廣為社會大眾接受的「雇用制度」開始崩解，人們開始朝著兼差和副業的方向發展。

加上資訊科技的進步，如今任何人都能把自己的技術力或喜好宣傳至全世界。相較於20年前，現在是一個更容易讓「喜歡的事」變成「工作」的時代。從原本「為了餬口而工作」，變成「讓工作成為生活中的樂趣」，這就是我們所生活的現代社會。每個人都可以盡情追求自己喜歡的事物，以自己的方式為世界貢獻一份心力。

發訊息
委託
委託
我能夠以非常快的速度接受委託！
委託
哇！

為了活下去、
為了填飽肚子而工作，
這是最單純的工作觀念。

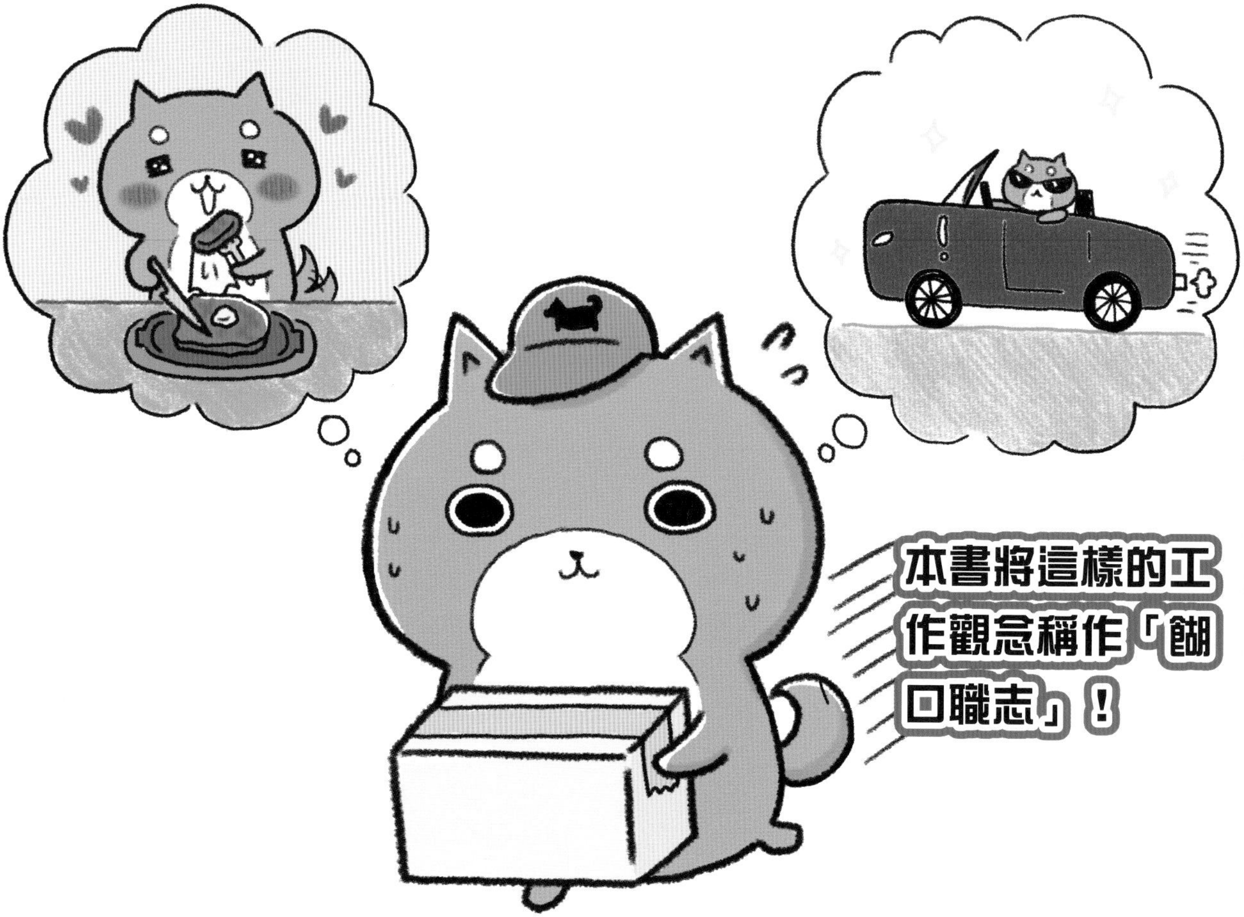
本書將這樣的工作觀念稱作「餬口職志」！

工作的本質是「賺錢」，這個事實從來不曾改變，改變的是「如何工作賺錢」，或者該說是「應該基於什麼樣的理念，抱著什麼樣的心情工作賺錢」。

最單純的工作觀念，就是「為了活下去而工作」、「為了填飽肚子而工作」。天底下沒有既簡單又輕鬆的工作，無論什麼工作，都一定有辛苦、麻煩的一面。對於工作不應過度要求「喜悅」和「快樂」，但可以用工作所賺得的金錢，到處旅行、吃美食、買帥氣的車子。

這種「靠金錢和物質讓人生變得多采多姿」的工作觀念，本書稱為「餬口職志」。「餬口」的意思是填飽肚子，顧名思義，這是一個認為「工作就是為了填飽肚子」的觀念。

為了活下去而工作，為了填飽肚子而工作，
這個「餬口職志」的觀念並沒有什麼不對，
但你心中真正期盼的應該是讓「喜歡的事」
變成「工作」，對吧？
從下一頁開始，
我們就來談談如何實現這個夢想！

想要在工作中
感受「喜悅」和「快樂」的工作觀念；
期盼讓喜歡的事變成工作的夢想！

鑽研自己喜歡的事，是不是覺得時間過得很快？「終身職志」的觀念，就是讓這股「熱情」、「喜悅」、「快樂」變成自己的工作，是一種願意讓人花一輩子時間投入的工作。

不管是興趣或工作，只要想深入「鑽研」一件事，就必須付出「努力」。「努力」和「辛苦」是一體兩面，過程中當然少不了要面對各種麻煩，試著想像一下，如果這些努力和辛苦能夠帶來快樂呢？這股能量的根源，就是名為「喜歡」的感情。

要讓喜歡的事變成工作可不容易，但是相較於二十年前，現代人能夠以喜歡的事作為工作的可能性提高了不少。等到你長大之後，你將會置身在一個更容易讓喜歡的事變成工作的時代。做自己喜歡的工作，還能為他人帶來喜悅，這樣的人生多麼美好！

激勵心靈的名人金句

孔子

天才贏不過努力，
努力贏不過樂在其中。

這是中國思想家孔子的名言，任何天才都無法不靠努力就成為天才。同樣付出努力，痛苦的努力贏不過樂在其中的努力。鑽研喜好之事的人，大多能在努力中感受到快樂。

如今應該追求的是
讓喜歡的事變成工作，
找出你的終身職志吧！

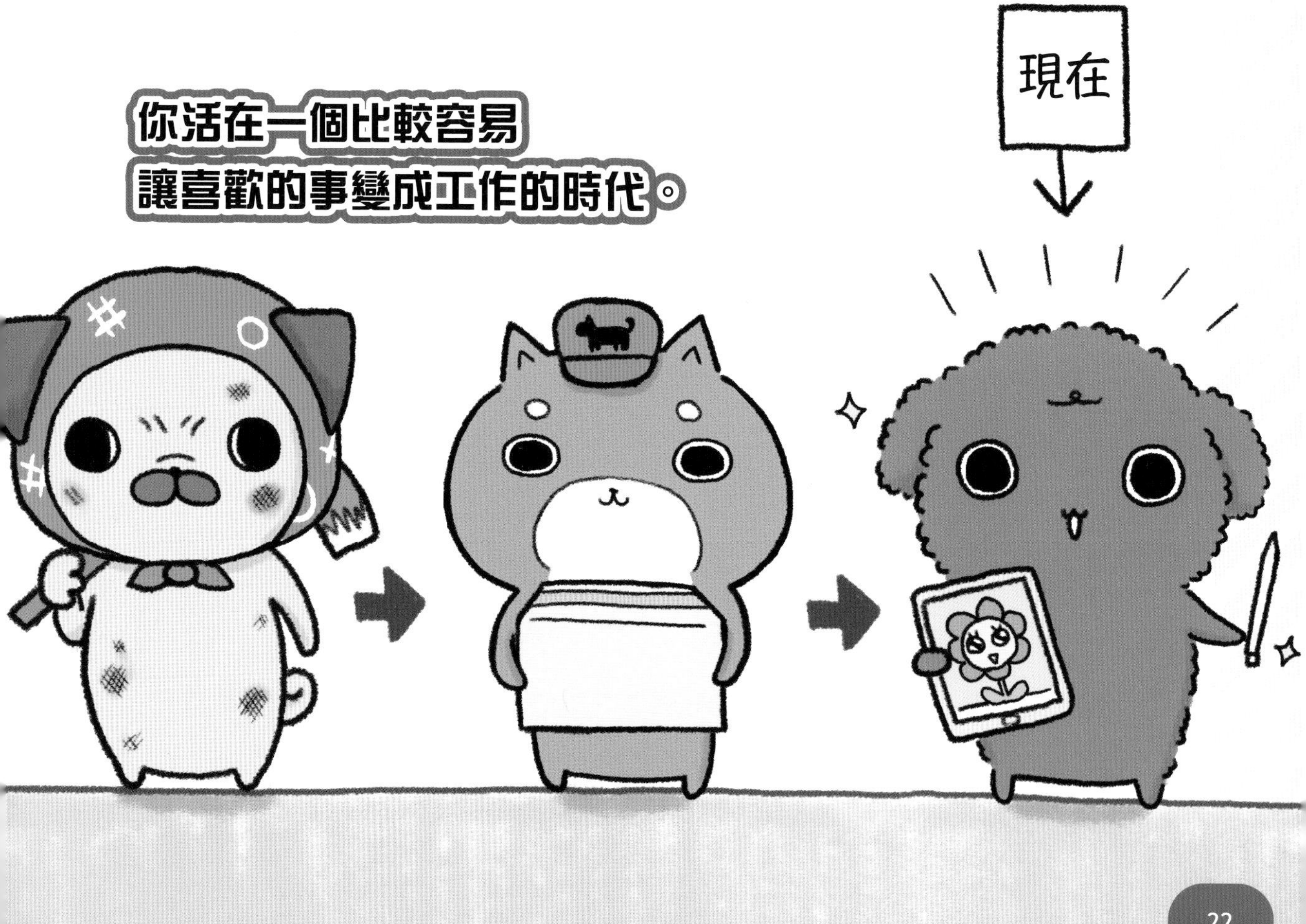
你活在一個比較容易
讓喜歡的事變成工作的時代。
現在

時代不斷在改變，工作的模式和價值觀也在持續發生變化。父母那輩的時代，要從事「自己喜歡的工作」並不是一件容易的事；但你所生活的時代，是一個比較容易讓喜歡的事變成工作的時代。

從前對工作的主流觀念是「餬口職志」，也就是不管多麼厭煩，都必須為了養家活口而工作；現在的工作主流是「終身職志」，也就是把喜歡的事當成自己的工作。

以前的階級社會有嚴格的身分限制，庶民沒有「選擇職業的自由」；後來又歷經「為了餬口而工作」的時代，如今終於進入可以讓「喜歡的事」變成「工作」的時代。

你這個年齡層的孩子，正活在一個工作觀念已經發生巨大變化的時代，本書的目的就是希望告訴你，如何讓喜歡的事變成工作。

激勵心靈的名人金句

查爾斯．達爾文

能夠存活下來的生物，
不是最強壯的生物，也不是最聰明的生物，
而是能夠自我改變的生物。

這是提倡「演化論」的查爾斯．達爾文的格言。綜觀生物演化的歷史，每個時代的「最強生物」最後都會因無法適應地球環境的變化而滅絕。最後存活下來的生物，必定是「雖然很弱但能適應環境變化」的生物。

為什麼現在是比較容易「讓喜歡的事變成工作」的時代？

理由 1　IT 的進步

最大的理由就在於 IT（資訊科技）的進步。例如：有一個人喜歡畫圖，想要以繪製插畫為工作，如果是從前，通常必須找到一間認同自己能力的公司，像是出版社或廣告公司，並且進入該公司工作；但是在 IT 不斷進步的現代，很輕易就可以對外推廣自己所畫的插畫。如果想要開店，也可以選擇開設網路商店。IT 的進步，讓許多人的夢想變得更容易實現。

理由 2

可以擁有兼差和副業的斜槓人生

以前的社會，父母會希望孩子進入公家機關或大企業工作，把「終身職志」視為「有出息」的代名詞；近來，「斜槓」思維興起，你應該常聽到「斜槓青年」、「斜槓人生」等名詞，越來越多人同時擁有多種職業與身分，每個人都可以利用才能巧妙安排副業，為自己規畫一套合適的工作模式。同時做著「為了賺錢的工作」和「自己喜歡的工作」，這也是現代的特徵之一。

理由 3

社會對工作的看法不同

雖然一輩子待在同一家公司，感覺比較穩定，一路慢慢升遷的感覺也不錯，但臺灣社會不像日本社會以「終身雇用制度」為主流，轉換工作跑道也相對比較沒有包袱，年輕人畢業之後可以一邊工作，一邊磨練技能，等到時機成熟後，就把「喜歡的事」變成「工作」。

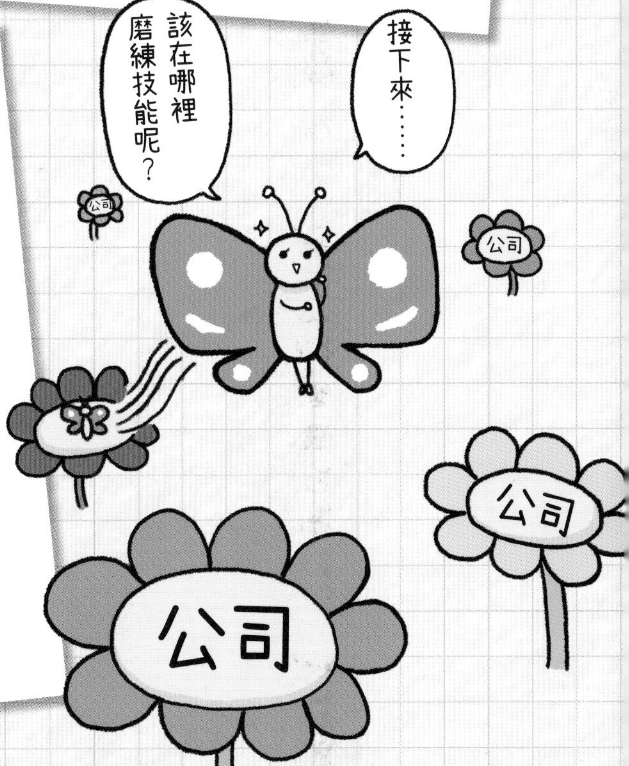
接下來……
該在哪裡磨練技能呢？
公司
公司
公司
公司

謝謝前人創造了這個能夠讓「喜歡的事」變成「工作」的時代！

從前的人啊……
謝謝你們！
閃閃發亮
好吧！
多虧前人打下的「基礎」，
如今我們才能生活在
「能夠做喜歡的工作」這個環境中。

能夠做自己「喜歡的工作」，是一件非常幸福的事。以前的工作總給人「嚴肅」和「艱辛」等印象，但接下來的世代已經可以隨心所欲的把「喜歡的事」變成「工作」。

或許你會覺得這樣太幸福了，會不會對從前的人不太好意思？但事實上，我們能活在這個幸福的時代裡，都是因為前人們漫長的努力和不斷追求「讓時代更好」所獲得的成果。

每個時代的父母，都會希望自己的孩子擁有幸福的人生，期盼孩子將來能從事自己喜歡的工作，把生活過得幸福快樂。或許這在從前是個很難實現的心願，但如今這個對於前人來說遙不可及的夢想，終於可以獲得實現。

我們既然從前人的手中接棒新時代，就有義務讓身處的時代變得更好，讓後代子孫擁有更美好的生活。

激勵心靈的名人金句　松下幸之助

越是知道感恩，
越是能夠幸福。

松下幸之助是 Panasonic 的創業者，有「經營之神」的美譽。他認為感恩的心是創造幸福感的根源，只要懂得感恩，自然就會感到幸福，而且從感恩中產生的幸福感會永遠持續下去。

這是一個能夠輕易把創意變成工作的時代！

只能從既有的職業中挑選工作的時代已經結束了，如今你可以創造出最適合自己的工作模式。

時間回溯到四十年前，當時沒有「電腦繪圖師」或是「APP開發人員」這些職業，當然也不存在「網路直播主」、「臉書社團版主」這樣的角色。隨著時代進步，各種以前的人完全想像不到的「新工作」相應而生，而且進步速度還在加快中。

等到你這個年紀的孩子成年之後，社會上很可能又會出現許多現在沒有的「新工作」。而且，創造出那個新工作的人，可能就是你唷！

從前的人只能從既有的職業中挑選工作，但現代人已經可以自行創造職業。這是個能夠輕易把創意變成工作的時代，我們不應該被現在的價值觀侷限想法，而是盡力追求自己喜歡、感興趣的事物。

只要擁有好奇心和探究心，一定能夠開拓出現在可能還想像不到的美好未來！

激勵心靈的名人金句

坂本龍馬

喜歡的道路足以開拓全世界。

坂本龍馬是終結日本武士與幕府執政時代的關鍵人物。他認為只要走在自己喜歡的道路上，就算遭遇困難，也能夠毫不放棄與妥協。「喜愛」的熱情正是開拓世界的原動力。

時代在進步，價值觀也不斷改變，千萬別被現在的常識侷限了你的想像力！

重要的是擁有一顆柔軟的心，才能跟得上時代的變化！

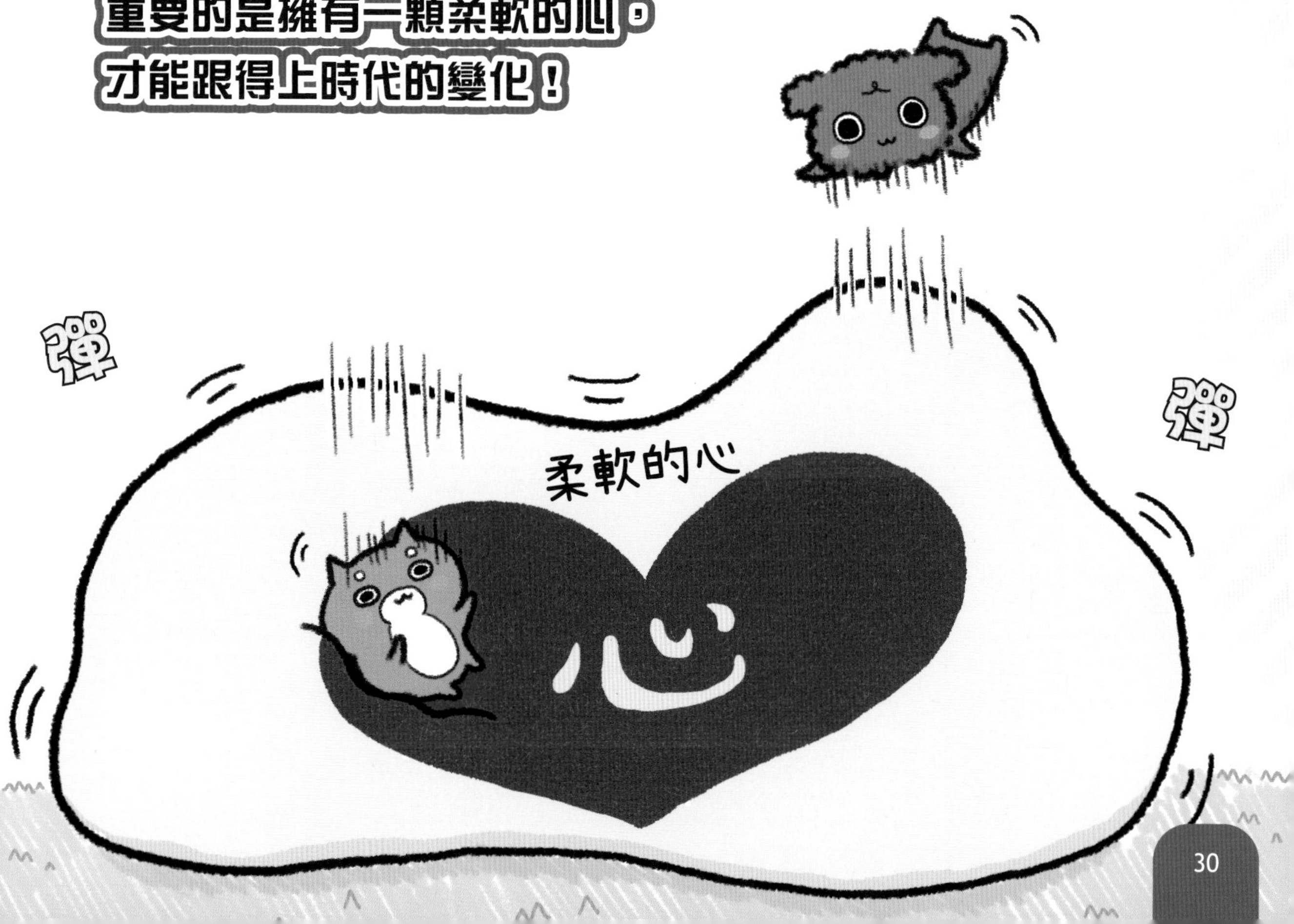

在「為了填飽肚子而工作」為主流觀念的「餬口職志」全盛時期，一般人必須進入好公司才能獲得較高的收入。為了爭取進入好公司的機會，升學競爭變得非常激烈，甚至出現「聯考戰爭」這種說法，但是，讀書本來就是學生的本分，若只是為了進入好公司而努力讀書，就本末倒置了。

學習的本質，應該是想要多吸收知識，多習得技能，這都是為了自己，而不是為了應付工作。

更何況，什麼樣的公司才算是「好公司」？規模大的公司？還是薪水高的公司？每個人對成就的價值觀都不一樣，每個人心目中的好公司和好工作，標準不一定相同，既然如此，你更應該重視自己真正的想法，而不是跟隨著他人的期待或社會的風向。

希望你將來能夠成為一個擁有主見的大人。

激勵心靈的**名人金句**　威爾伯．萊特

現在對的事，數年之後可能變成錯的；
現在錯的事，數年之後可能變成對的。

威爾伯．萊特是發明飛機的萊特兄弟中的哥哥。常識和價值觀會隨著時代而改變，因此我們一定要保持一顆柔軟的心，才能順應時代的變化。

好像很有趣！
盡情追求自己
感興趣的事物！

好想知道！

讓喜歡的事變成工作的第一步，就是感受各種不同的「快樂」！

心跳
心跳
驚奇與感動
足以改變人生！

有想要
做的事，就要
立刻採取
行動！
拍動
拍動

任何時候都有
可能遇上
「喜歡的事」！
喜歡的事
跑
跑
跑

在心滿意足之前，
千萬不要放棄！
沒想到每天都
吃自己喜歡吃的
地瓜也能得獎……
美味地瓜獎

第2章

名人在小時候
都曾經熱中於
某些事！

純真之心
「純真之心」
是享受事物的
根源！

不要太在意結果；在心滿意足之前，不要放棄感興趣或喜歡的事。

小時候盡全力追求一件事的經驗，必定能夠在未來幫助你將喜歡的事變成工作！

真是太好吃了！♡
喂！不能吃太多！
啪
啪
沒想到每天都吃自己喜歡吃的地瓜也能得獎……
啪
啪
美味地瓜獎

大多數能夠從事「喜歡的工作」的大人，小時候都曾有過澈底追求「喜歡」或「感興趣」事物的經驗。

周圍的人可能會說：「做這種事有什麼用？」、「做這個對你的將來沒有任何幫助！」，或是「這件事絕對不可能成功」，但是「利益得失」和「結果」不是唯一追求，重要的是必須保有一顆「不做不行」、「就是想找出答案」、「就是想自己試試看」的純真心靈。這種「小時候澈底追求某個事物」的體驗，與長大之後「將喜歡的事變成工作」的行動力，有幾分相似。

當你長大之後回想小時候的自己，或許會笑自己「小時候怎麼會熱中於這麼愚蠢的事」。即便如此，那依然是相當難能可貴的經驗，是人生中的珍貴寶物。因為重要的不是結果，而是堅持努力不懈的行動力。

激勵心靈的名人金句

白洲正子

找一件喜歡的事，任何事都行，
然後像挖井一樣，不斷鑽研下去。

白洲正子是日本著名散文作家。這句格言還有後半段：「一口井不斷往下挖，就會挖到地下水。地下的水脈四通八達，最終將會帶來淵博的知識。」

不管是熱中什麼事情都可以，重點在於貫徹到底的經驗。

那些名人在孩提時代原來熱中這些事！

有個孩子在得知地球是圓的之後，便開始在地上挖洞，企圖挖到地球的另一頭；還有一個孩子，以黏土製作出無數個蒸汽機關的模型——像這樣曾經在一件事情上投注全部精力的孩子，長大之後往往能夠從事心中嚮往的「終身職志」。以下就介紹一些名人在孩提時代的「熱中經驗」！

馬克·吐溫

西元 1835 ～ 1910 年／美國作家

擋不住強烈的好奇心，就算賭上性命也要一探究竟！

《湯姆歷險記》的作者馬克·吐溫，小時候是個擁有強烈好奇心的孩子，常常做出讓周遭大人捏一把冷汗的事情。有一次，馬克·吐溫的朋友得了「麻疹」，當時還沒有麻疹疫苗，麻疹被視為可能會送命的可怕疾病。年幼的馬克·吐溫很想知道得麻疹是什麼感覺，於是偷偷鑽進朋友的棉被裡，結果真的感染了麻疹，差點丟掉性命。有著這種無視周遭大人的警告，就算冒著生命危險也在所不惜的好奇心，頒給馬克·吐溫「熱中少年」這個封號，他絕對當之無愧！

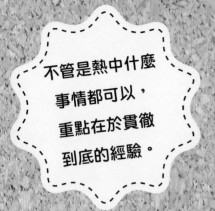

溫斯頓·邱吉爾

西元 1874 ～ 1965 年／英國政治家、軍人、作家

操控著 1500 具玩具士兵，玩著複雜的戰爭遊戲！

英國前首相邱吉爾在孩提時代，最熱中的就是操控「玩具士兵」，和弟弟玩戰爭遊戲。而且遊戲中的戰況往往非常複雜，邱吉爾和小他 6 歲的弟弟一同操控的玩具士兵多達 1500 具。由於邱吉爾幾乎是把所有的精神都投入在這個遊戲中，因此在學校的成績都是吊車尾，這並不是因為他頭腦不好，而是他對學校的課業不感興趣，一心一意都在熱中的戰爭遊戲上。

萊特兄弟

威爾伯·萊特西元 1867 ～ 1912 年
奧維爾·萊特西元 1871 ～ 1948 年

成功製造出世界上第一架引擎飛機

一下打造、一下拆解……連父母也提供協助！

萊特兄弟是成功製造出世界上第一架引擎飛機的人物。兩兄弟從少年時期就非常喜歡敲敲打打，每天從早到晚不是製造東西，就是拆解東西，研究某樣東西的結構。父母對萊特兄弟的這項興趣也抱持著支持的態度，母親讓出廚房給兄弟兩人當實驗室，父親允許兄弟兩人自由使用他最重視的木工道具。在父母的認同和協助之下，兄弟兩人每天不斷重複著製造和拆解的過程，在遊戲中逐漸熟悉機械的結構。

艾薩克・牛頓

西元 1642 ～ 1727 年／英國科學家

少年時期最愛製作東西，每天都在製作日晷器、水車和風車。

以發現萬有引力而聞名於世的牛頓，少年時期過著非常孤獨的生活。父親在牛頓出生前就過世了，母親在牛頓兩歲時改嫁，牛頓從小由外祖母撫養長大。年幼的牛頓雖然在學校成績不佳，但是製作東西的技術不輸給任何人。他從來不和朋友一起玩，每天都在進行著「日晷器（太陽時鐘）」、「水車」和「風車」的製作和實驗。牛頓不擅長打架，個性有點懦弱，但如果有人取笑他製作的東西，他會非常生氣。製作東西讓牛頓逐漸獲得自信，成績也逐漸變好，後來還成為名列前茅的優等生。

喬治・史蒂文生

西元 1781 ～ 1848 年／英國土木工程師、機械工程師
蒸汽機車和汽車的發明者

雖然在農場工作，卻對帥氣的蒸汽機關懷抱著憧憬的少年。

史蒂文生從小在貧困的家庭長大，家裡沒有錢供他上學，少年時期就開始在農場裡擔任管理羊隻的工作。從史蒂文生所工作的農場，隱約可以看見遠方炭坑的蒸汽機關，宛如擁有生命一般不斷運轉的蒸汽機關，澈底擄獲了他的心。當時史蒂文生的興趣，就是趁著農場工作的空閒時間，以黏土捏塑蒸汽機關的模型，排列在牧草上，而且是捏好一個又捏下一個，彷彿永遠都不會感到厭煩，由此可見他對帥氣的蒸汽機關有多麼嚮往。

英格麗・褒曼

西元 1915 ～ 1982 年／瑞典出生的知名好萊塢演員

從一個認真玩裝扮遊戲的小女孩，變成世界知名的大明星。

拍過《北非諜影》等經典名片的著名好萊塢演員英格麗・褒曼，3 歲的時候母親就過世了，由父親撫養長大。小英格麗・褒曼最喜歡玩裝扮遊戲，經常戴上稀奇古怪的帽子和造型奇特的眼鏡。她對於裝扮遊戲非常著迷，除了外表的裝扮，也開始嘗試內在的裝扮，在還不識字的時候，就因為喜歡裝扮而成為一名「演員」。她的父親是一名專業攝影師，總是非常認真的拍下她的每個裝扮。或許在她認真玩著裝扮遊戲的時候，就已經注定將來會成為一個名留青史的好萊塢大明星了！

不要在意周遭的「視線」，只要遇上感興趣的事情，就一頭栽進去吧！

不管這世界上（或是班上）流行什麼，都與你無關。
重要的是，什麼事物真正引發你的興趣？

如果此時的你，心裡已經有著喜歡或感興趣的事物，你應該要相信自己，就算你「喜歡」或「感興趣」的事物在班上或同學之間完全不流行，也不必在意。你要做的反而是堅定自己，貫徹並鑽研「自己喜歡的事物」，沒有必要去迎合別人的興趣。

如果只是為了要迎合周遭或同儕的流行，就輕易改變自己的喜好，一味的盲目追求，將會喪失最重要的個人特質。只要擁有喜歡的事物，你就有資格走在只屬於自己的道路上。

一個能夠走自己的路、無視周圍流行的人，才是最帥氣的！你不必時時刻刻都在意著別人的眼光，戰戰兢兢的勉強自己去遷就或配合他人，到最後失去寶貴的定見和自己。只有堅持做自己，長大之後才能夠獲得最適合你的「終身職志」。

激勵心靈的名人金句

阿爾伯特．史懷哲

成功的最大祕訣，
就是當一個不受他人或環境左右的人。

史懷哲是德國哲學家。雖然我們總是會在意周遭他人的評價和視線，但如果真的想要全心全意追求「自己喜歡的事物」，就必須擁有不在意他人眼光的勇氣。

只要有想做的事，就要立即採取行動！

想要擁有任何成就，
都必須先踏出第一步。
光是在腦袋裡空想，
沒有辦法改變任何事。

長大往往會讓一個人「變精明」，這雖然是一件很棒的事，但「變精明」有時也會帶來不好的影響。例如一個精明的大人，很可能會在思考事情時太過在意「得失」，滿腦子只想著「哪一邊比較划算」或是「哪一邊成功機率比較高」。一個太過在意這些的大人，由於一直思考著「得失」，對「不划算」的事情從一開始就打退堂鼓，將會導致他們無法從事「喜歡的工作」，也沒有辦法獲得「終身職志」，因為他們已經無法像孩提時代那樣單純因為「喜歡」而採取行動。

現在的你，應該暫且放下「得失心」和「計較心」，依循「喜歡」的心情，立刻採取行動。一場不計較得失的行動，往往帶來意想不到的「驚奇」與「感動」。這些都是讓人生變得更加多采多姿的要素，如果一心只想著「得失」，將永遠無法體驗這樣的世界。

激勵心靈的名人金句

華特．迪士尼

開始一件事的方法不是動口，
而是動手。

有「長篇動畫之父」美譽的華特．迪士尼，是個一輩子都在追求和挑戰新事物的人。任何事情如果只是掛在嘴上或放在心裡，將永遠沒有實現的一天；唯有實際的行動，才能夠真正開始一件事。

「驚奇」與「感動」能夠改變人的一生！

喜歡上某樣事物的契機，往往源自於「驚奇」與「感動」。

原來這世界上有那麼多種香蕉……
心跳
心跳
心跳
心跳
心跳
心跳
心跳
世界上的香蕉
好想環遊世界！

有些人愛上足球，是因為小時候看足球比賽，親眼目睹職業選手的「驚奇」球技。而同樣是足球迷，也有人是因為看了足球漫畫而受到「感動」。喜歡上某樣事物的契機，往往源自於像這樣的「驚奇」與「感動」，因此你一定要好好珍惜這樣的心情。

在學生的求學過程中，就有很多「驚奇」與「感動」的機會，除了學校的課程，在你的生活周遭還有許多可以學習的事物，比如各種運動、才藝，或是書籍、電影、動漫，甚至遊戲、烹飪等，裡頭正蘊藏著許多能夠讓你「雀躍」與「興奮」的要素，希望吸引你的注意和目光。

就算目前還沒發現喜歡的事物，也沒有關係，只要擁有一顆能夠感受「驚奇」與「感動」的心，遲早有一天會遇上讓自己心動的事物。

激勵心靈的名人金句　柏拉圖

驚奇是探究的肇始。

柏拉圖是提出「理型論」的希臘哲學家。他認為「驚奇」正是「求知」的根源力量，「探究」的種子就隱藏在令自己「感到驚奇」的事物之中。在歷經「驚奇」與「探究」之後，必定能獲得「感動」。

擁有「純真之心」，才能樂在其中！

當遇上「好厲害的事」或「好厲害的人」時，一定要保有一顆衷心感到「好厲害」的誠摯心靈。

當親眼目睹運動員在競技場上的驚人表現時，如果心裡想的是「那又怎樣」、「那是只有一小部分人能夠成功的嚴苛世界」、「就算拿到金牌，可能也沒辦法養活自己」之類酸溜溜的負面想法，原本應該產生的「驚奇」與「感動」也會消失得無影無蹤。像這樣壓抑心中的雀躍和興奮感，實在是很可惜的一件事。

當遇上「驚奇」與「感動」時，最重要的是必須保有一顆能夠誠摯讚嘆的「純真之心」，那是一種無法勉強的、油然而生的覺得別人「你真的好棒！」，就像小時候的我們，不管看到什麼都會覺得「好厲害」的心情。

成年之後依然能夠擁有積極行動力的人，通常都是保有一顆孩提時代的純真心靈。所以現在的你，要好好珍惜「驚奇」與「感動」的心情，在未來長成一個懷有純真心靈的大人，擁有美好的「終身職志」。

激勵心靈的**名人金句**　可可・香奈兒

把我的腦袋切開來看看吧！
裡面可是 13 歲呢！

以「女性的自立」為理念的法國時尚設計師可可・香奈兒，一手打造世界知名時尚品牌「香奈兒」，據說她永遠保持著 13 歲的純真心靈。

只要保有純真之心，隨時可能遇到「喜歡的事」！

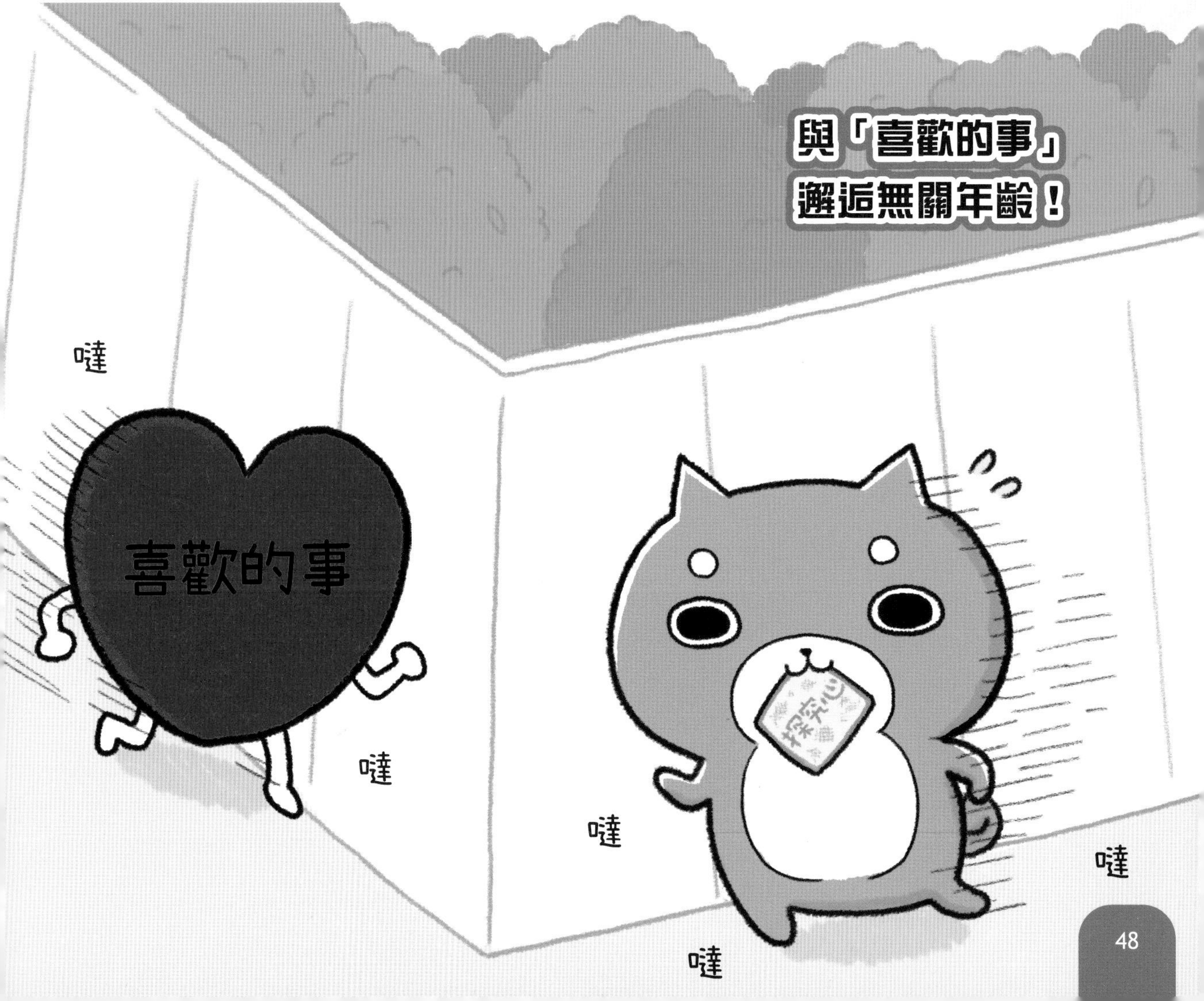
與「喜歡的事」
邂逅無關年齡！
噠
喜歡的事
噠
噠
探究心
噠
噠

同樣是「終身職志」，有些人並不是讓喜歡的事變成工作，而是在長大成人之後，喜歡上自己所做的工作。

只要擁有「純真之心」，珍惜「驚奇」與「感動」的心情，不論任何年齡都有可能遇上「喜歡的事」。正如這世上沒有輕鬆簡單的工作，也沒有枯燥乏味的工作。任何工作都有其意義，並且能夠獲得成就感，重要的是必須保有能夠感受這些的心靈。

現在的你若是找不到喜歡的事，也不必過於緊張，只要維持「純真之心」，不管做任何事都謹記要珍惜「驚奇」與「感動」的心情，最後一定能夠邂逅讓自己雀躍興奮的事情。

當那一天來臨，只要拋開「得失心」與「計較心」，依循著最純真的「探究心」採取行動，一定能夠獲得讓生活更美好的「終身職志」。

激勵心靈的名人金句

約翰·德萊頓

大人不過是長大後的孩子。

約翰·德萊頓是英國詩人兼劇作家。一個人的內心，往往並不存在孩子與大人的明確分界線；大人的心中，同樣可以保有孩提時代的純真心靈，只要沒有忘記這個心情，不管幾歲都有可能邂逅「喜歡的事」。

咚！
「樂在其中的力量」何其偉大！

休息是為了走更長遠的路！

讓喜歡的事變成工作的第二步，是獲得「貫徹的力量」！

今天的自己
戰勝昨天的自己！

不要被「才能」蒙蔽了雙眼！
持之以恆

蠕動ooooooo
好!
就算遭遇挫折，
也要繼續
往前邁步！

持續力
持之以恆
才是關鍵！
哇！

第3章

真誠面對
自己的心情！
呼嚕！

從挫折和失敗
中學習！

「牆壁」之所以是「牆壁」，只是因為今天的自己還爬不過去！

重要的是貫徹到底的決心！

在追求「喜歡的事」過程中，一定會遇上矗立在眼前的「牆壁」。如果一開始就能輕鬆翻越，那就不叫「牆壁」了！你眼中的牆壁，在他人的眼裡或許是可以輕易跨越的小小障礙物；而他人的眼前，或許也有著你看不見的牆壁。不論能力有多大、舞臺有多高，都無法避免「牆壁」的出現。

「這面牆壁這麼高，真的有可能翻得過去嗎？」其實，你不必思考這種問題，免得浪費時間。遇到「撞牆」的時候，你應該做的事，就是秉持著信念不斷挑戰，下定決心翻越那面牆壁，接下來，「成長」將會幫助你獲得「翻越牆壁的力量」，給你突破困境的勇氣。只要持之以恆，最終自然會有一股力量，將你帶往牆壁的另一側。

每當你有所成長，眼前又會出現更高的牆壁。當你不斷重複著翻越牆壁和挑戰新牆壁的時候，就是成長的過程。

激勵心靈的名人金句　納爾遜．曼德拉

任何事情在成功之前，
都給人不可能成功的感覺。

納爾遜．曼德拉是南非共和國第 8 任總統，生平致力於推動廢除種族隔離政策，一生中有 27 年在監獄裡度過。後來他不僅獲得諾貝爾和平獎，還在全面普選的總統選舉中脫穎而出，成為南非總統。這條路既漫長又嚴峻，在成功之前，沒有人認為他做得到。

不應該拿「才能」作為藉口

鑽研「喜歡的事」，根本不需要「才能」！

看到有名的運動選手，你心裡會不會想著「他能成功，是因為他擁有才能」？事實上，只有「努力」能讓一個人獲得成功，成功與才能並非絕對相關。如果別人看在眼裡，說出「因為這個人有才能」，那是因為他們並不知道當事人付出多少努力。要在一個領域裡獲得成功，必須不斷克服重重的障礙、煩惱和恐懼，絕對不是光靠「才能」就能辦到的。

此外，「沒有才能」也常常被當作放棄的藉口。絕對不要認為自己沒有才能，這樣的想法只會妨礙你的成長。

有時間思考自己有沒有才能，不如多花一些時間思考如何翻越眼前的牆壁。你需要的不是「才能」這種幻想中的能力，而是從「喜歡」的心情中泉湧而出的「貫徹的力量」、「持之以恆的力量」和「克服困難的力量」。千萬不要因為「才能」這兩個字而限制自己擁有的可能性。

激勵心靈的名人金句

艾薩克・牛頓

如果我發現了什麼有價值的事物，
那並不是因為我擁有才能，
而是因為我願意耐著性子仔細觀察。

艾薩克・牛頓是英國的物理學家兼數學家。他曾經說過：「想要成功，就必須不斷想著成功。我們的人生是由各種不同的想法所組合起來的。」

最重要的是「持之以恆的力量」！

懂得「持之以恆」的孩子，才能成為最強的大人！

想要讓喜歡的事情變成工作，最重要的能力就是「持之以恆的力量」。只要能夠持之以恆，你就是最強的人，沒有其他任何能力能夠勝過這個「人生中最強的能力」。

追求「喜歡的事」過程中，必定會遇上「牆壁」。想要翻越牆壁，最重要的就是持之以恆的力量。每當感到痛苦、煎熬，不想再堅持下去的時候，如果能夠告訴自己「再努力一下看看」，也許就此便能走上成功之路。持之以恆的力量，能夠帶領你走向意想不到的美好未來。

小時候如果有持之以恆貫徹某件事的經驗，長大之後必定能派上用場。相反的，如果長大之後才想要培養持之以恆的能力，那是一件非常困難的事。一個已經習慣逃避和認輸的大人，很難再有什麼改變。現在的持之以恆，將能夠改變「長大之後的自己」。

激勵心靈的名人金句　亞里斯多德

人是重複行為的集大成。
真正的優秀不是行為，而是習慣。

亞里斯多德和蘇格拉底、柏拉圖合稱古希臘三大哲學家。他對大自然的研究成果橫跨許多領域，而有「萬學之祖」的美譽。他還曾說過：「性格是行為的結果。」

我們只需要戰勝自己！

超越「昨天的自己」！

你是否曾經看見別人的成功，心裡想著自己真的很沒用？如果有，請你從今天開始拋開這樣的想法。和他人比較是一件毫無意義的事情，你有你的人生，別人有別人的人生，和他人相比，就算分出了高下，也沒有辦法讓自己有所成長。對他人的優點抱持敬意是一件好事，但如果因此而貶低自己，內心感到自卑，將會變得裹足不前。

另外，我們也不應該抱持傲慢的心態看待他人，或是產生「既然他偷懶，那我也要偷懶」的想法，人生是自己的，只有你才能為自己的人生負責。

只有「你自己」才是你應該比較的對象，說得更明白一點，你應該比較的是「昨天的自己」。當你發現今天做到了昨天做不到的事情，會切身感受到自己的成長，激發出更大的幹勁。唯有戰勝昨天的自己，才是真正的「勝利」。

激勵心靈的名人金句

貝比・魯斯

你沒有辦法打敗一個永不放棄的人。

貝比・魯斯的本名是喬治・赫曼・魯斯，有「棒球之神」的美譽。他不僅是全壘打王，同時也是三振王。不論任何時候，他總是全力揮棒，從不放棄希望，他的格言以英文來說就是：「It's hard to beat a person who never gives up.」

「樂在其中的力量」何其偉大！

有時候自己做起來覺得非常有意思的事，別人可能一點也不覺得有趣。他們可能會對你說「你怎麼會沉迷在這種事情上」或「做這種事對你有什麼好處」。事實上這正是「樂在其中的力量」所帶來的效果。

如果只是「有喜歡的事」，並沒有辦法帶來成長和燦爛的未來。若要加以比喻，喜歡的事就像是「船帆」，樂在其中的力量就像是「風力」，船帆要靠風力來帶動；風力越強，船前進的速度就越快。只要對喜歡的事樂在其中，就算是別人眼裡的苦差事，在自己的眼裡可能一點也不辛苦。

一旦有了樂在其中的力量，努力翻越「牆壁」的艱辛也會轉變成興奮雀躍的心情，一想到牆壁另一側的新世界，痛苦、辛勞等負面情緒都會一掃而空。借勢這個「樂在其中的力量」，未來將成為幫助你獲得「終身職志」的重要能量。

激勵心靈的名人金句

托爾斯泰

努力並不是獲得幸福的手段，
而是創造幸福的主體。

托爾斯泰是俄羅斯帝國時期的著名小說家，主要著作有《戰爭與和平》、《復活》等。與其為了獲得幸福而咬牙努力，不如藉由努力獲得擁有幸福感的人生。托爾斯泰還曾說過：「幸福並非在我們的周圍，而是在我們的心態之中。」

「挫折」才是最寶貴的人生經驗

氣氛凝重……
小心學童
挫折路
成功路
每個人都曾經走在
「挫折路」上。
在挫折的前方，等著你的會是什麼呢？

在朝著目標不斷努力的過程中，一定會遇上「挫折」和「失敗」。挫折就和「牆壁」一樣，沒有人能夠一輩子不遇上。或許挫折總是給人負面的印象，但它其實並不是一件壞事。你可以把挫折想像成「通往成功的道路」，或是一個「中間點」，不僅不應該害怕，反而還要把挫折視為寶貴的「經驗和轉機」。只要能夠加以克服，就能成長，讓自己煥然一新。你所需要的是，即使遭遇挫折也不放棄的強韌心靈和堅定信念。

任何一個以喜歡的事情為工作的活躍人物，挫折和失敗的經驗必定比成功的經驗更多。挫折所帶來的種種痛苦，可以打造強韌的靈魂，遭遇過越大的挫折和失敗，越能夠變強。一心要追求喜愛之事的你，如果遭遇挫折，不應該感到失落或沮喪，挫折和失敗越多，才會變得越強，能夠走得越遠。

激勵心靈的名人金句

本田宗一郎

你應該害怕的不是失敗，
而是什麼都不做。

本田宗一郎是一手打造出 HONDA（本田技研工業）的創業家。他雖然經歷過無數的挫折和失敗，但是在他的心裡，失敗並不可怕，可怕的是「放棄挑戰」和「不行動」。

不順利也沒關係，先做看看再說！

勇敢踏出你的第一步吧！

就算挑戰的是自己喜愛之事，還是常常會遇到不順遂的情況，但如果抱持著「反正不會成功」的想法，什麼也不做，將不會有一絲一毫的成長。也許只是一小步，只要踏了出去，就一定會往前進，不必在挑戰之前就忙著思考「到底會不會成功」，總之先踏出第一步就對了！最後即使沒有帶來「成功」，也會帶來「成長」。

只要能夠從「失敗」中學到「教訓」，就是一次寶貴的「成長」；不斷累積像這樣的「成長」，終究會有「成功」的一天。換句話說，「成功」是由無數的失敗和教訓所堆疊而成。

或許你會對自己「沒有自信」，認為就算挑戰也不會成功，但其實你需要的不是自信，而是「跨出第一步的勇氣」。挑戰是不需要自信的，自信是伴隨挑戰而來的附加價值。只要甩開不安，勇敢向前跨出第一步，必定能夠改變你的未來。

激勵心靈的**名人金句** 田坂廣志

人生不一定會成功，但一定會成長。

這句格言收錄在田坂廣志《帶來持續成長的77句話》（暫譯）之中。這部著作分別從專業人士、凡人和集團組織的立場，探討人為什麼要追求成長，以及獲得成長的訣竅。

如果用盡了全力還是不成功，那就休息一下，或是先「逃走」一陣子！

要是已經想盡所有辦法，
事態還是不見好轉，
那就稍微休息一下吧！
辛苦了！

如果已經努力了很久，還是感覺不順遂，或許可以選擇暫時休息一下。短暫的「休息」或是「逃走」，都是一種「為了重振旗鼓的撤退」。

過去的挑戰所帶來的經驗，也許會讓你有所成長，要是自認已經把能做的事情都做了，不如休息一下，稍微喘一口氣，或許在休息的過程中，狀況會有所好轉也不一定。所謂的休息，就是包含著這樣的期待。

澈底追求喜好之事當然很棒，但把自己逼得太緊不一定是好事。為了維持身心健康，偶爾轉換心情也是必要的戰略。在休息的過程中，不僅心情會恢復冷靜，身體的疲勞也會消失，如此一來，視野就會變得更加遼闊，能夠看得更遠，或許有機會找到新的策略或辦法。

人生中有些事情很難在短時間之內獲得成功，把眼光放遠，不要躁進，才是成功之道。

激勵心靈的名人金句

歌德

什麼都做不好的日子，
與其做一些以後沒辦法讓自己快樂的事，
不如閒晃或睡覺。

歌德是德國最具代表性的大文豪之一，為後人留下小說、敘事詩、詩劇等作品，主要的代表作有《少年維特的煩惱》、《浮士德》等。

重新確認自己的心情

好好審視自己，重新確認「喜歡」的心情。

在「為了重振旗鼓的撤退」之後，接著就是老老實實的重新審視自己的心情。在轉換心情的當下，正是心靈最平靜的狀態，應該趁這個時候好好問自己：「如果放棄了我所追求的這件事，這樣的人生對我來說還有沒有價值？」

試著想像一下，如果未來不再追求這件事，自己將過著什麼樣的人生？在想像的過程中，如果心裡湧起了「我真的非常喜歡做這件事」的強烈情感，那就代表應該捲土重來，再次挑戰眼前的難關。努力加上堅持，必定能夠開創屬於你的未來。

但如果心裡並沒有出現強烈的情感，或許可以選擇走上其他的道路，或是再休息一陣子，好好審視自己的心情，找出自己真正喜歡、真正想做的事。為了挑選正確的道路，有時會需要一些時間來休息和重新挑戰。這聽起來有點像是繞遠路，但為了發現真正的自我，這些時間都是必要的成本。

激勵心靈的名人金句　桑德斯上校

即使過去的人生包含失敗及浪費時間，也沒有必要作出太低的評價。

桑德斯上校的本名是哈蘭德．大衛．桑德斯，他是連鎖速食店「肯德基（KFC）」的創業者，更是世界上第一個構思並採行加盟連鎖模式的經營者，在此之前，他曾經做過超過 40 種工作。

靠「休息」來補充能量！

遊手好閒一整年之後重新出發的創業家——本田宗一郎

一手打造出本田技研工業的本田宗一郎，過去也曾經有過一段「人生歇業」的時期。他完全沒有理會親友和鄰居的閒言閒語，足足養精蓄銳一整年。

孩提時代

對汽車和機械的憧憬

本田宗一郎在西元 1906 年出生於靜岡縣，父親是專門製作和修理刀具、工具、農具的鍛造師傅。15 歲從高等小學校（相當於現在的國中）畢業後，便因為對汽車和機械抱持憧憬，進入汽車修理廠工作，學習知識，磨練技術。21 歲那年，他獲得老闆允許，開設分廠並擔任廠長。據說他是當時唯一獲准開設分廠的員工。

前所未有的挫折

第二次世界大戰與三河地震

宗一郎的事業發展得相當順利，沒想到爆發了第二次世界大戰，再加上三河地震幾乎毀掉整座工廠，讓他失去了一切，雖然開始嘗試製造汽車零件，但沒有成功。最後他把手上所有的公司股票轉賣給豐田自動織機公司，從此退出經營。

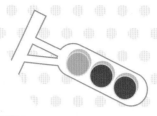

「人生歇業」宣言

花一年的時間養精蓄銳

第二次世界大戰結束後，宗一郎向家人提出「人生歇業」的想法。接下來整整一年，他完全不工作，每天和朋友喝酒、下棋，終日遊手好閒。他的妻子不僅要工作維持家計，還要照顧正值發育期的孩子，附近的鄰居都笑他是「什麼都不做的仙人」。

絕不放棄的信念！

躋身世界舞臺

每年於英國曼島舉辦的「曼島旅遊者盃」機車賽，為宗一郎的事業帶來戲劇性的變化。西元 1959 年，他首次率團以日本車廠的身分參與這場世界首屈一指的機車賽事，剛開始雖然輸得很慘，但是第 3 年就拿到了優勝，而且同時在 125CC 和 250CC 這兩個部門拿到優勝，獨佔 1 至 5 名。自此之後，本田技研工業的聲勢便扶搖直上。

重新出發

以一間小小的工廠東山再起

西元 1946 年，39 歲的宗一郎以到處蒐集的木材蓋了一間小小的工廠。當時日本小規模的修理工廠約有一、兩百間，有能力製造機車的中等規模工廠也不少，宗一郎的工廠只是其中之一。他從這裡東山再起，開創了另一番新事業。

宗一郎曾發下豪語：「不管面臨再多的危機，我都要讓我的工廠成為世界第一的機車製造廠！」正是這股鍥而不捨的執著，帶來「曼島旅遊者盃」的大獲全勝！

組合出專屬於
自己的
終身職志！

以自己
「喜歡的事」
讓他人獲得
「幸福」！
終身職志

當喜歡的事
變成工作，
你會看見新世界！

分界線就在
「自己的心中」！

有「願景」的人
最強！
願景！

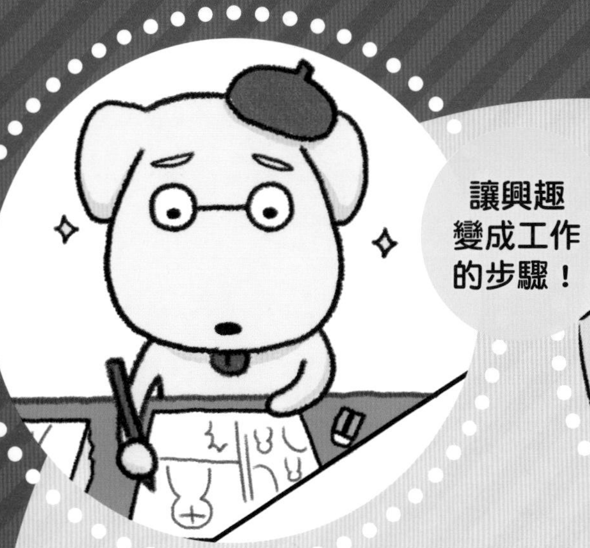
讓興趣
變成工作
的步驟！

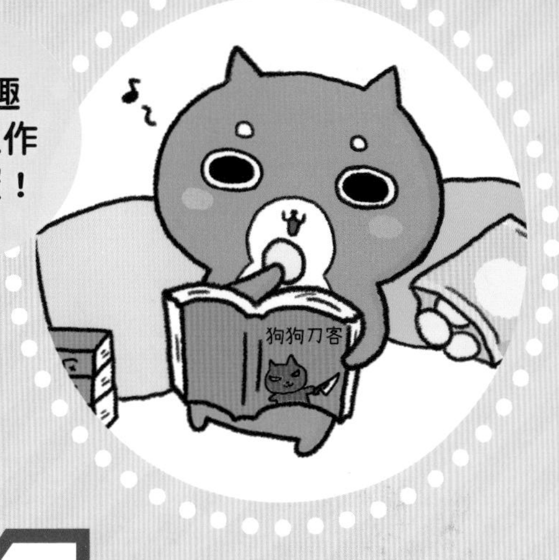
狗狗刀客

第4章

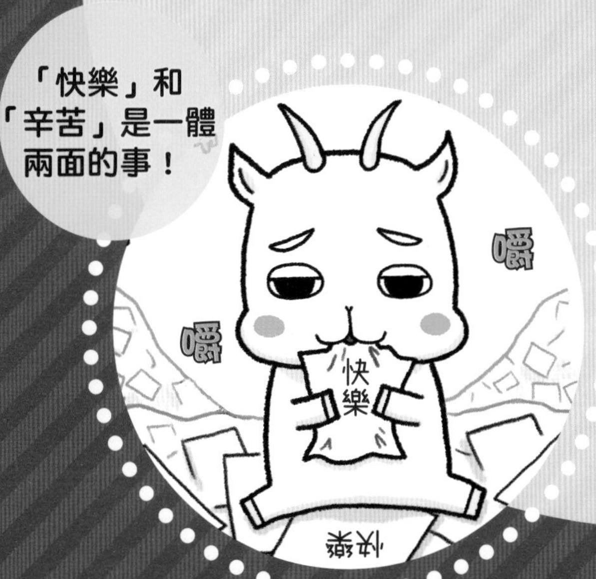
「快樂」和
「辛苦」是一體
兩面的事！
嚼
嚼
快樂

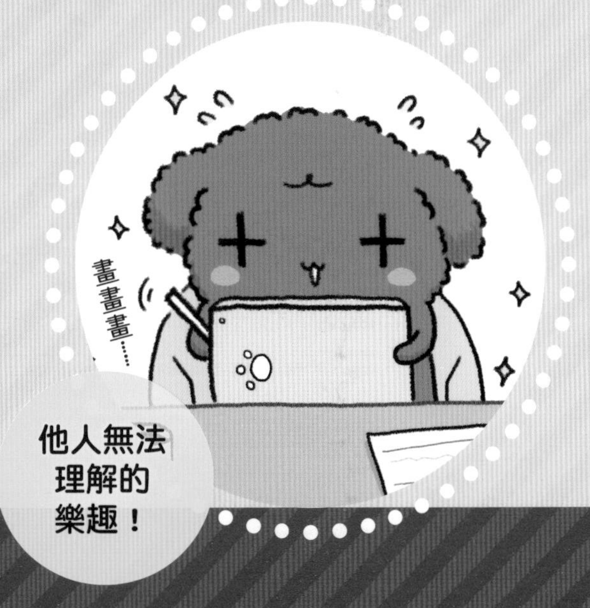
畫畫畫……
他人無法
理解的
樂趣！

「枯燥又麻煩」的道路盡頭有著新的喜悅！

成功不會突然從天上掉下來，背後必定伴隨著「枯燥又麻煩的初期過程」。這有點像是演藝人員剛出道時沒沒無聞的「打基礎」時期。經歷這些枯燥又麻煩的過程也能樂在其中的人，才是真正最厲害的人。

職棒選手鈴木一朗正是最好的例子。他在美國的職棒大聯盟創下了三千零八十九支安打、打擊率零點三一一的驚人紀錄。雖然三千多支安打並不見得是吸引全場目光的全壘打，但在其他球員眼裡，這幾乎是不可能實現的數字。

鈴木一朗能夠獲得這樣的成就，是因為他打從心底熱愛棒球，對每一場比賽都投注大量的熱情。

做研究也是同樣的道理。任何偉大的發現和成果，皆來自無數的實驗和研究。只要能夠熬過這段「枯燥又麻煩」的時期，必定能夠看見新的世界，感受新的喜悅。

激勵心靈的名人金句

彼得・杜拉克

所有偉大的成功，
皆來自於大量累積枯燥又麻煩的事情。

彼得・杜拉克是一名經營學家，曾提倡「現代經營學」和「管理概念」，同時也是研究「人要如何獲得幸福」的學者，他還曾說過這麼一句格言：「預測未來的最好方法，就是創造未來。」

「快樂」與「辛苦」是一體兩面的事！

只有全心投入「喜歡」的世界裡，
才能感受到那個世界「艱辛的一面」！

就算讓喜歡的事成為工作，也不代表工作的過程從頭到尾「快樂又輕鬆」。

正因為喜歡，所以會全力以赴，不會有絲毫妥協。在這個不能敷衍了事的世界裡，貫徹的過程中必定帶著「艱辛」與「痛苦」，所有枯燥乏味的練習或準備，外人是不會知道的。那是一條只有經歷過的人才會了解「雖然快樂但是痛苦」、「雖然痛苦但是快樂」的道路。

咬緊牙關走在這條道路上的人，在快樂的同時必定會感受到痛苦；而且，喜歡和認真的程度越高，痛苦的指數越多。

這種「快樂但痛苦」的感覺，是每個全力探究者的必經之路。「快樂又輕鬆」和「快樂但痛苦」的世界，兩者在追求喜愛之事的投入程度上截然不同。只有歷經「快樂但痛苦」的過程，才能獲得真正的充實感和成就感；當然也只有走在這條路上，才能得到「終身職志」。

激勵心靈的名人金句

愛迪生

1%的靈感，能夠讓 99%的努力不再是一件苦差事。

這是美國發明家愛迪生的格言。也有人認為他說的是：「所謂的天才，是 1%的靈感加上 99%的汗水。」許多人都認為這句話的重點在於「99%的汗水（努力）」，但其實他的意思是，「1%的靈感」才是最重要的。

「快樂但是痛苦」
「痛苦但是快樂」

往來於「快樂」與「痛苦」之間，貫徹「喜愛之事」的名人們！

「快樂」並不代表「輕鬆」，真正的「快樂」，背後必定隱藏著「艱辛」！

探究「喜愛之事」的過程，必定有著「枯燥、瑣碎又麻煩」的一面。任何全心投入「喜愛之事」的人，就算不以此為「工作」，還是必須面臨這樣的狀況。

當你遇上時，你會有什麼反應？心裡是否會想著「真是麻煩，乾脆放棄算了」？還是會為了一睹艱辛背後的世界而咬牙忍耐？真正的成就，絕對不可能「輕鬆」入手。付出的努力越多，得到的快樂和成就感就越大。

真正的「快樂」與「痛苦和麻煩」是一體兩面的事。以下這些為了鑽研「喜愛之事」而不斷歷經艱辛的名人們，都獲得快樂但痛苦、麻煩卻充實的「終身職志」。

貝多芬

西元 1770 ～ 1827 年／德國作曲家

作曲過程不容許一絲一毫的妥協，寫下點子的便條紙多達 7 千張以上！

大家都知道，貝多芬失去了身為作曲家最重要的聽力。在聽力逐漸消失的過程中，貝多芬雖然感到萬分痛苦，卻沒有停止作曲，直到聽力完全消失之後，也依然沒有一絲一毫的妥協。著名的《命運交響曲》第二樂章，有個地方他反反覆覆修改了 8 次，寫下點子的便條紙，據說多達 7 千張以上！在完美的「名曲」背後，必定有著痛苦的「生產」過程，而貝多芬正是往來於「痛苦」和「充實感」之間而堅持不懈的名人。

愛迪生

西元 1847 ～ 1931 年／美國發明家

我從來不曾失敗，我只是發現了 2 萬次「電燈泡不會亮」的現象！

愛迪生的留聲機、白熾電燈泡等各種重要發明物，為現代文明奠定了基礎。據說他在世的時候，每天進行實驗的時間超過 16 小時。他曾說過一句話：「我從來不曾失敗，我只是發現了 2 萬次電燈泡不會亮的現象。」2 萬次這個數字眾說紛紜，但可以肯定的是，愛迪生的偉大發明誕生於數不清的失敗之後。雖然絕大部分的實驗都是以失敗收場，愛迪生總是能把悲觀的心情轉化為繼續努力的熱情。或許我們可以說愛迪生是一個把「痛苦」轉化為「快樂」的天才。

瑪里・居禮

西元 1867 ～ 1934 年／波蘭物理學家、化學家

克服了萬難，甚至不惜犧牲自己身體的強烈探究心！

瑪里・居禮是史上第一個獲得諾貝爾獎的女性化學家，也是克服無數艱難才獲得成功的代表性人物。她曾經說過：「偉大的發現，並不會突然以完美的狀態出現在科學家的腦袋裡。那是在歷經了無數研究之後，才能結出的美好果實。」正如這句話的描述，瑪里・居禮的研究之路從年輕時便伴隨著無數的苦難。當她在巴黎的大學學習物理、化學和數學時，因為生活費不足，只能過著有一餐沒一餐的生活，寒冷的夜晚必須把所有的衣服穿在身上才能入眠，咬緊牙關終日苦讀，終於拿到物理學的學士學位。

成為研究人員之後，瑪里・居禮對物理學產生無窮無盡的探究心，她與丈夫一同研究礦物，發現了「鐳」、「釙」等當時不為人知的放射性元素。不幸的是，為了進行實驗，長期暴露在放射線之中，讓她的身體漸漸產生病變，不時會出現激烈的耳鳴，視力也快速退化。為了貫徹自己的探究之路，不惜犧牲身體健康，瑪里・居禮的研究成果，對現代的醫療與產業的發展都有莫大的貢獻。

界。為了實現這個夢想，他只能自行製造天文望遠鏡，但是，打磨望遠鏡中的鏡片，不僅需要相當高明的技術，而且非常花時間，打磨一片大約需要花10小時。於是，赫雪爾每天熬夜磨鏡片，磨了大約10年，據說磨出來的鏡片超過400枚。

西元1781年，赫雪爾以自製的天文望遠鏡發現了天王星，並且正式成為一名天文學家，自此之後，他就能夠以這個工作養活自己，成為終身職志。

艾薩克・牛頓

西元 1642 ～ 1727 年／英國科學家

每天廢寢忘食的「沉思」，答案就像一道清晰的「光芒」。

發現萬有引力定律的牛頓，思考事情時有著常人難以比擬的強大專注力。他所想的事情非常多，幾乎無時無刻都在「思考某些事」，就算正在吃飯，一旦陷入了沉思，就會忘記自己正在吃飯的事，所以很少把眼前的食物吃完。這些食物後來都被拿去餵他養的貓，導致那隻貓變得非常肥胖。

牛頓曾經說過：「我的腦袋經常在想著一些問題。剛開始的時候，就像是夜晚逐漸迎接黎明的到來，我漸漸可以看見那答案，最後那答案就像一道清晰的光芒。」每天廢寢忘食陷入沉思的牛頓，在看見那宛如清晰光芒的答案時，內心必定充滿常人所難以感受的「喜悅」。

威廉・赫雪爾

西元 1738 ～ 1822 年／英國天文學家

為了製造天文望遠鏡，花了大約 10 年的時間打磨鏡片，
只為一睹前人未見的世界！

威廉・赫雪爾原本是個音樂家，但他從小就對天文很感興趣，這股好奇心在長大之後不僅沒有消退，反而越來越強烈。在他生活的時代，天文望遠鏡是非常昂貴的東西，他並不富裕，卻無論如何想要一睹前人未見的世

從「接受的一方」變成「提供的一方」

假設你喜歡看漫畫，想像一下，如果要讓這份「喜歡」的心情變成「工作」，有什麼樣的選擇？除了漫畫家之外，其實還有許多工作都與漫畫有關，例如漫畫家的助手、出版社的編輯、負責打上對白和旁白的排版人員、印刷廠師傅……等，一本漫畫的誕生，其實是各行各業之人分工合作的結果。除此之外，還有負責包裝的人、負責運送的人、負責販賣的人和負責宣傳的人等，相關的工作不勝枚舉。

從事這些「工作」的人，都有一個共通點——他們都是「提供的一方」；至於把閱讀漫畫當成興趣的人，則是「接受的一方」。當然單純把看漫畫當成興趣，也是一件很好的事情，但如果想要把興趣變成工作，就必須思考「我能為他人提供什麼」。一個「必須能夠為他人提供某些事物」的行為，才能算是工作，也就是說，工作的模式將取決於「提供什麼」和「如何提供」。

激勵心靈的名人金句

華特・迪士尼

「提供」能夠獲得最大的喜悅。
為他人帶來「喜悅」的人，
自己也能獲得快樂與滿足。

華特・迪士尼是「迪士尼樂園」的創辦者，也是米老鼠等卡通人物的創作者。他藉由創辦大人和小孩都能樂在其中的主題樂園，持續帶給無數的人夢想和感動。他還有一句格言是：「有夢想的能力，就有實現夢想的能力。」

「餬口職志」與「終身職志」分界線就在「自己的心中」！

「餬口職志」與「終身職志」的差別，
不在於「職業別」或「收入」，
而是在於「快樂」和「成就感」！

為了維持生計而做的「餬口職志」和基於喜好和樂趣而做的「終身職志」，分界線不在於「收入」或「職業別」，而是在「自己的心中」。如果做得心不甘情不願，那就是「餬口職志」；如果做得主動積極，那就是「終身職志」。

不管做什麼工作，只要能夠找到「樂趣」和「成就感」，就可以算是「終身職志」。例如你負責某一樣打掃工作，如果覺得「很麻煩、很討厭」，那這工作就是「餬口職志」；相反的，如果覺得「打掃得乾乾淨淨，心裡才舒服」，甚至還會自己尋找「更好的打掃方式」，那這工作就是「終身職志」。

當然，你也可以把打掃當成遊戲，和朋友比賽看看誰先做完。總之就是不要抱持「心不甘情不願」的態度，盡可能找出屬於自己的「成就感」，如此才能獲得「樂在其中」的力量。

激勵心靈的 名人金句

寺田寅彥

比起「因為感興趣而做」，其實「做了才感興趣」的情況更常見。

寺田寅彥是日本物理學家，同時也是俳句詩人和散文作家。他是夏目漱石的學生，曾經協助夏目漱石創設俳句社團。他這句格言想表達的是：就算剛開始做的時候沒什麼興趣，做久了之後也可能會漸漸感受到樂趣。

當一個擁有「願景」的人！

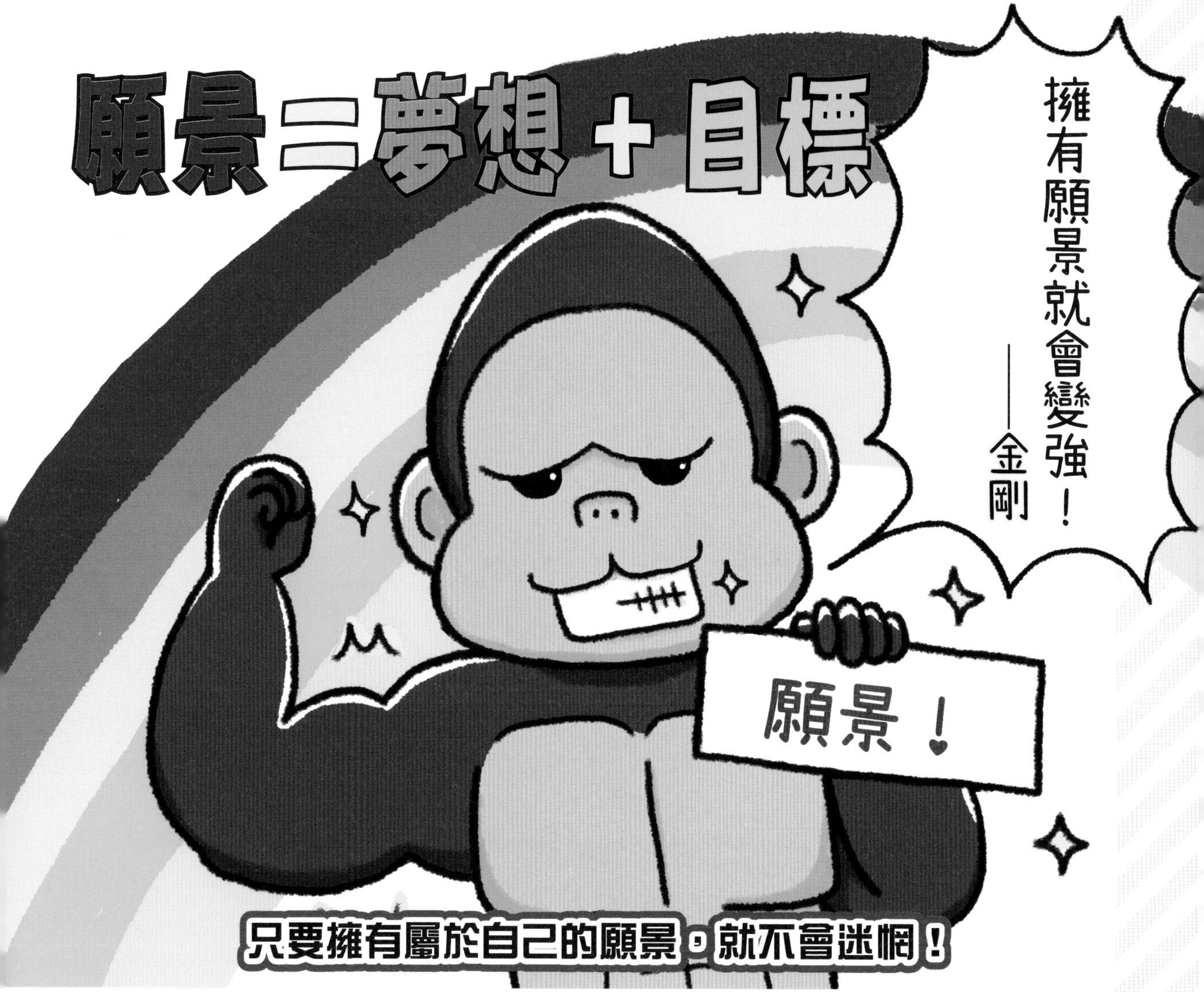
願景＝夢想＋目標
擁有願景就會變強！
——金剛
願景！
只要擁有屬於自己的願景，就不會迷惘！

「願景」的意思，簡單來說就是「未來的構想」，意思和「夢想」、「目標」或「理想」類似。除了要找到自己喜歡做的事情之外，你還必須當一個有願景的人。

一個人如果沒有願景，很容易受到旁人的影響，被別人的意見或是沒有根據的流言蜚語牽著鼻子走。在這樣的不安狀況之下，是很難在「喜歡」的世界裡存活下去的。

閱讀完前面所述的內容，你應該很清楚追求喜好的道路是一條荊棘之路。

沒有人能夠預測未來會發生什麼事，也或多或少會感到不安；正因如此，更需要願景作為生命中永不動搖的「路標」。一個人有了願景之後，人生才會有依循的方向，也才有機會變得截然不同。

如果將來想要當一個擁有中心思想的帥氣大人，應該練習在心中描繪未來的願景，走上屬於自己的生命之路。

激勵心靈的名人金句

史蒂夫・賈伯斯

我們都在自己的願景上下了賭注。
這麼做比製造大同小異的產品好得多。

史蒂夫・賈伯斯是蘋果公司的聯合創辦人之一，他曾經主導麥金塔電腦的開發，因而聲名大噪。他擁有獨特的願景，對產品的材質、造型設計，甚至是聲音都相當講究，可說是極致追求完美的人物。

創造出
專屬於自己的終身職志！

等到你長大的時候，
工作模式的創造應該會比現在
更加自由且容易。

如今的時代，在同一家公司工作到退休已經不是主流思想。一個人同時「斜槓」好幾樣工作，並不是稀奇的事情。你可以把其中一項工作當「主業」，把其他工作當「副業」，或是同時把兩、三樣工作並列為「主業」，在工作的組合方式完全自由的情況之下，找出最適合自己的工作模式。

或者也可以把一項工作當「餬口職志」，把另一項工作當「終身職志」。換句話說，「餬口職志」和「終身職志」是可以同時擁有的。除了工作之外，還可以把與家人相處的時間、投入興趣的時間也安排進來，想要如何工作、如何生活，全看自己的規畫和安排。

一個擁有「終身職志」、能夠以喜歡之事為工作的人，在目標實現或工作告一段落之後，往往能夠找到另外一項「終身職志」。當一個人擁有充實的人生，要進入下一個人生舞臺就會更加容易。

激勵心靈的**名人金句**

布萊茲．巴斯卡

對一件事情知道所有的細節，
不如對所有的事情都知道一些毛皮。

巴斯卡是曾說出「人是一根會思考的蘆葦」的哲學家。他從孩提時代就被視為神童，留下了許多奇聞軼事。巴斯卡生前曾被譽為「早熟的天才」，「巴斯卡定理」、「巴斯卡三角」、「巴斯卡定律」都是他在數學和科學上的貢獻。上面的這段格言，節錄自他的遺作《思想錄》。

在投入「興趣」的同時，也要為他人帶來「幸福」！

靠著「喜歡」的力量，
讓周遭的人變得幸福！

工作的原始意義在於「養家活口」，除了養活自己，還要養活家人。而且「養活」只是基本條件而已，更重要的是必須讓家人獲得幸福。一個真正的「終身職志」，除了以自己喜歡之事為工作，還必須靠著這份工作讓家人也獲得幸福。

擁有「終身職志」的人，大多懂得感恩，因為他們在追求興趣的過程中，會明白「成功無法一個人辦到」的道理。任何人聽到身邊的人笑著對自己說「謝謝」、「好開心」、「好棒」這些話語，都會感到工作更加快樂，產生想要更加努力的心情，如此一來，能讓身邊的人獲得更多的幸福；而帶給他人幸福的行為，將會帶給他們更大的喜悅，這是一種良性循環。

自己喜歡的事，也能帶給別人幸福，多麼美好啊！希望你能成為這樣的大人。

激勵心靈的名人金句

瑪里．居禮

幫助他人是全人類的共同義務。

瑪里．居禮是一名偉大的波蘭化學家。她在放射線上的傑出研究貢獻，不僅讓她成為第一個獲得諾貝爾獎的女性，更是第一個先後獲得物理學獎和化學獎的得獎者。若加上她的女兒和女婿，這一家人總共獲得 5 次諾貝爾獎。他們無私的研究貢獻和熱情，讓世人都深深感動。

結語

照亮一隅，開拓世界

「讓喜歡的事變成工作」，
確實很適合作為長大之後的理想願景。
但是，在這個理想之上，
其實還有更崇高的理想，
那就是──
「讓喜歡的事變成工作，而且對人類有所貢獻」。

簡單來說，就是除了為自己工作之外，
還要為其他人工作。

聽到這句話，或許你心裡會想：
「難道我必須為了他人而犧牲自己？」

以前的年代，
確實有「犧牲小我，完成大我」這個道理，
意思是「犧牲自己，奉獻公眾」，
大人常常以這句話教育孩子。

但現在的思想已經跳脫以前的年代，
奉獻公眾並不見得必須犧牲自己；
或許應該改為「活出小我，開創大我」，
也就是「活用自己的興趣或專長，為公眾開創未來」。

「開創大我」可以有很多層意思，
例如「打開世人的希望之門」，
或是「解決社會問題」，
簡單來說，就是在生活中為公眾多做一些事情。

只要你仔細觀察，
你會發現致力於「開創大我」的人非常多：
不管是愛迪生、牛頓或是貝多芬，

他們都能善加運用自己的興趣和專長，
過著「為公眾開創未來」的人生。
正因為有這些人，人類才能不斷進步。

得知這些人的偉大行徑之後，你心裡有什麼感想？

或許你會懷抱滿腔的熱忱，決定「將來要向他們看齊」；
或許你會懷抱冷靜的心情，認為「我可能沒辦法做到」；
如果冷靜的心情大於熱忱，或許你可以這麼想——

有句話叫作「照亮一隅」，
指的就是像愛迪生、牛頓這類有著偉大發明或發現，
足以改變人類歷史的人物。

能夠做到這類壯舉的人，只有一小部分而已。
但是人類要不斷進步，
絕對不能只靠這一小部分偉大人物的壯舉。

每個人都應該努力讓身邊的人獲得幸福，
嘗試解決生活周遭的問題。

這麼做雖然比不上愛迪生或牛頓，
但也算是「照亮一隅」的生活方式，
重要的不是能夠做到的事情有多大，
而是願意付出努力的心情。

只要有非常多這樣的人聚集在一起，
就能凝聚成一股相當大的力量，足以改變世界。
這就是所謂的「一燈照隅，萬燈照國」——
一盞燈火只能照亮一小塊地方；
當聚集了上萬盞燈火，就足以照亮整個國家。

我們每個人的熱忱，
就是讓世界變得更美好的原動力。

——探究學舍代表　寶槻泰伸

監修 **寶槻泰伸**

出生於日本東京都三鷹市。從小在偏激父親的特殊家庭教育下長大，同時也是5個孩子的父親。因為沒有辦法在學校感受到「學習的快樂」，高中讀到一半休學，後來憑藉同等學力考試進入京都大學經濟學部。大學畢業後開始嘗試創業，30歲時創辦「探究學舍」，教育課程著重於誘發孩子的主動探究心，帶給無數的家長和孩子莫大的驚奇與感動。曾經在電視節目《熱情大陸》中登場。著作有《從今天開始不上補習班了》（暫譯）等。

翻譯 **李彥樺**

日本關西大學文學博士，曾任臺灣東吳大學日文系兼任助理教授，現為專職譯者，譯作涵蓋科普、文學、財經、實用叢書、漫畫等領域，在小熊出版譯有《12歲之前一定要學：5 讀書態度&學習方法》、《12歲之前一定要學：6 思考未來&實現夢想》、「小學生的統計圖表活用術：叫我資料小達人（全套4冊）」等。並於FB粉專「小黑熊的翻譯世界」上不定期更新翻譯心得。

國家圖書館出版品預行編目（CIP）資料

10 歲開始自己做生涯規畫：讓喜歡的事變成工作，提前部署快樂又有成就的人生 / 寶槻泰伸監修；李彥樺翻譯. -- 初版. -- 新北市：小熊出版：遠足文化事業股份有限公司發行, 2022.12
96 面；19 x 21 公分. -- (廣泛閱讀)

ISBN 978-626-7224-20-5(平裝)

1.CST: 職場成功法 2.CST: 工作心理學 3.CST: 通俗作品

494.35 111019551

廣泛閱讀

10歲開始自己做生涯規畫：讓喜歡的事變成工作，提前部署快樂又有成就的人生

監修／寶槻泰伸　翻譯／李彥樺

總編輯：鄭如瑤｜主編：施穎芳｜美術編輯：黃淑雅
行銷副理：塗幸儀｜行銷助理：龔乙桐
出版與發行：小熊出版・遠足文化事業股份有限公司
地址：231 新北市新店區民權路108-3 號6 樓
電話：02-22181417 ｜傳真：02-86672166
劃撥帳號：19504465 ｜戶名：遠足文化事業股份有限公司
Facebook：小熊出版｜ E-mail：littlebear@bookrep.com.tw

讀書共和國出版集團
社長：郭重興｜發行人：曾大福
業務平臺總經理：李雪麗｜業務平臺副總經理：李復民
實體通路暨直營網路書店組：林詩富、陳志峰、郭文弘、賴佩瑜、王文賓
海外暨博客來組：張鑫峰、林裴瑤、范光杰｜特販組：陳綺瑩、郭文龍
印務部：江域平、黃禮賢、李孟儒
讀書共和國出版集團網路書店：www.bookrep.com.tw
客服專線：0800-221029 ｜客服信箱：service@bookrep.com.tw
團體訂購請洽業務部：02-22181417 分機1124
法律顧問：華洋法律事務所／蘇文生律師
印製：凱林彩印股份有限公司
初版一刷：2022年12月｜定價：350 元
ISBN：978-626-7224-20-5(紙本書)
　　9786267224267 (EPUB)
　　9786267224250 (PDF)
書號：0BWR0059

小熊出版官方網頁　小熊出版讀者回函